ICS 07.060
D 14

DB41

河 南 省 地 方 标 准

DB41/T 1507—2017

水文地质环境地质调查规范
（1∶25 000）

2017-12-06 发布 　　　　　　　　　2018-03-06 实施

河南省质量技术监督局　　　　发　布

图书在版编目(CIP)数据

水文地质环境地质调查规范:1:25 000:河南省地方标准:DB41/T 1507—2017/河南省地质矿产勘查开发局编.—郑州:黄河水利出版社,2018.3

ISBN 978 - 7 - 5509 - 2000 - 2

Ⅰ.①水… Ⅱ.①河… Ⅲ.①水文地质 – 地质环境 – 地质调查 – 地方标准 – 河南 Ⅳ.①P641.626.1 – 65

中国版本图书馆 CIP 数据核字(2018)第 047123 号

组稿编辑:王路平 电话:0371 – 66022212 E-mail:hhslwlp@126.com

出 版 社:黄河水利出版社 网址:www.yrcp.com

地址:河南省郑州市顺河路黄委会综合楼14层 邮政编码:450003

发行单位:黄河水利出版社

发行部电话:0371 – 66026940、66020550、66028024、66022620(传真)

E-mail:hhslcbs@126.com

承印单位:河南承创印务有限公司

开本:890 mm × 1 240 mm 1/16

印张:2.5

字数:70 千字

版次:2018 年 3 月第 1 版 印次:2018 年 3 月第 1 次印刷

定价:20.00 元

目 次

前　言

本标准按照 GB/T 1.1—2009 给出的规则起草。

本标准由河南省地质矿产勘查开发局提出。

本标准起草单位：河南省地质矿产勘查开发局第五地质勘查院

河南省地质矿产勘查开发局第二地质矿产调查院

本标准主要起草人：王现国、王春晖、邱金波、詹亚辉、狄艳松、李扬、龚晓凌、马庚杰。

本标准参加起草人：高晓、王晨旭、孙春叶、郭山峰、赵海军、菖雁、周春华、周奇幪、何怀珍、王侠、何佳晨。

水文地质环境地质调查规范（1∶25 000）

1 范　围

本标准规定了水文地质环境地质调查（1∶25 000）的术语和定义、总则、基本工作内容、水文地质环境地质复杂程度分类、调查工作量定额、设计书编写、技术方法及要求、综合评价、综合研究与报告编制、数据库建设以及野外验收与报告审查。

本标准适用于 1∶25 000 水文地质环境地质调查，其他比例尺的水文地质环境地质调查也可参照执行。

2 规范性引用文件

下列文件对于本文件的应用是必不可少的。凡是注日期的引用文件，仅注日期的版本适用于本文件。凡是不注日期的引用文件，其最新版本（包括所有的修改单）适用于本文件。

GB 5749　生活饮用水卫生标准

GB/T 14848　地下水质量标准

GB 15618　土壤环境质量标准

GB 50021　岩土工程勘察规范

GB 50027　供水水文地质勘察规范

GB 50296　管井技术规范

DZ/T 0017　工程地质钻探规程

DZ/T 0072　电阻率测深法技术规程

DZ/T 0133　地下水动态监测规程

DZ/T 0151　区域地质调查中遥感技术规定（1∶50 000）

DZ/T 0173　大地电磁测深法技术规程

DZ/T 0181　水文测井工作规范

DZ/T 0190　区域环境地质勘查遥感技术规程（1∶50 000）

DZ/T 0261　滑坡崩塌泥石流灾害调查规范（1∶50 000）

DZ/T 0282　水文地质调查规范（1∶50 000）

DZ/T 0283　地面沉降调查与监测规范

DZ/T 0286　地质灾害危险性评估规范

DZ/T 0288　区域地下水污染调查评价规范

HJ 493　水质采样　样品的保存和管理技术规定

SL 166　水利水电工程坑探规程

3 术语和定义

下列术语和定义适用于本文件。

3.1 地下水系统

具有水量、水质输入、运移和输出的地下水基本单元及其组合。包含地下水含水系统与地下水流动系统。

3.2 地下水含水系统

由隔水或相对隔水岩层圈闭的，具有统一水力联系的含水地质体。

3.3 地下水流动系统

由源到汇的流面群构成的，具有统一时空演变过程的地下水体。

3.4 包气带

地表面与地下水面之间与大气相通的含有气体的地带。

3.5 含水层

能赋存、传输并能给出相当数量水的可渗透岩层（体）。

3.6 含水层富水性

含水层输导、汇聚、产出地下水的能力。通常用规定口径与降深的单井出水量或泉水流量来表征。

3.7 环境地质问题

对人类生存与发展有不利或潜在不利影响的各种不良地质现象和作用。包括崩塌、滑坡、泥石流、地面塌陷、地面沉降、地裂缝等地质灾害，采矿活动引发的矿山地质灾害、地形地貌景观破坏、含水层破坏与土地资源损毁等矿山地质环境问题，以及区域地下水位降落漏斗、地下水污染、土壤污染、地方病、原生劣质地下水、生态环境恶化（石漠化、荒漠化、盐渍化、沼泽化）等与地下水有关的环境水文地质问题。

4 总 则

4.1 调查目的

1:25 000 水文地质环境地质调查工作主要目的是提高河南省水文地质环境地质调查程度和研究水平，服务于河南省生态文明建设和社会经济可持续发展，为地下水资源的合理开发利用与管理、地质环境保护与地质灾害防治、国土开发与整治规划以及重大工程建设提供科学依据。

4.2 调查任务

1:25 000 水文地质环境地质调查工作的任务包括：

a）查明含水层或蓄水构造空间结构与边界条件、地下水赋存分布及其数量质量特征；

b）查明地下水补给、径流、排泄条件及地下水动态特征、水化学特征和影响因素；

c）查明地下水开采历史、开发利用现状及存在的问题，进行地下水资源评价；

d）查明主要环境地质问题分布、发育特征、成因、活动规律及危害程度，并预测发展趋势，进行地质环境评价；

e）提出地下水合理开发利用保护区划、地质灾害防治与地质环境保护的对策建议；

f）建立1:25 000 水文地质环境地质调查成果数据库。

4.3 调查工作原则

4.3.1 应坚持资源、环境、生态并重，优先部署在以下重点地区：

a）城镇建成区及规划区、重要经济区带、重大工程项目、社会经济发展对水资源急需的地区；

b）地下水开发利用程度较高或所占供水比例较高或水资源供需矛盾突出的地区；

c）地下水具有重要的生态、环境、调蓄功能的地区；

d）自然因素或人类活动影响下已经产生严重地质环境问题的地区；

e）水文地质环境地质条件变化较大的地区。

4.3.2 以解决地下水开发中存在的主要问题、缓解水资源供需矛盾和保护地质环境为主，针对不同地区存在的地下水资源开发利用和环境地质问题，以及新型城镇化、工业化和现代农业化过程中产生的环境地质问题，各有侧重地部署不同层次的调查工作。

4.3.3 应充分搜集调查区已有的地质、水文地质、环境地质等资料，重视资料的再开发利用，将资料分析研究贯穿于调查工作的全过程。已开展过1:25 000 水文地质环境地质调查或更高精度勘查工作的地区应以编图研究为主，适当部署补充性调查工作。

4.3.4 同一个调查点和钻孔应尽可能有多个用途，满足多种工作需求，提高调查的工作效率。

4.4 基本要求

4.4.1 调查工作一般应按照资料收集、遥感解译、野外踏勘、设计编制与审批、地面调查、物探、钻探、野外试验、采样测试分析、野外验收、综合研究、报告编制、数据库建设、成果验收与资料汇交等步骤进行。

4.4.2 调查工作以1:25 000 标准图幅为基本调查单元，或者根据实际需要确定调查范围。水文地质调查与环境地质调查可以合并进行，也可分别进行。

4.4.3 调查控制深度应根据水文地质、环境地质问题所涉及的深度加以确定。

4.4.4 调查工作应根据水文地质条件的变化、环境地质问题的严重程度、研究程度的差异以及地下水资源开发利用前景，划分出一般工作地段与重点工作地段，对重大环境地质问题和地质灾害隐患点应部署一定的实物工作量。

5 水文地质环境地质复杂程度分类与工作量定额

5.1 调查区水文地质环境地质复杂程度分类

按照水文地质复杂程度将调查区分为三类（见表1）。

表1 调查区水文地质复杂程度分类

水文地质条件简单地区	水文地质条件中等地区	水文地质条件复杂地区
1）地形平缓，地貌类型单一； 2）地层及地质构造简单； 3）地下水系统结构简单，含水层空间分布比较稳定； 4）地下水补给、径流和排泄条件简单，水化学类型单一； 5）水文地质条件良好，地下水水位埋藏较浅，与地下水相关的环境地质问题不突出； 6）地下水开发利用程度低	1）地形起伏较大，地貌类型较多样； 2）地层及地质构造较复杂； 3）地下水系统结构较复杂，含水层层次多但具有一定规律； 4）地下水补给、径流和排泄条件、水动力特征、水化学规律较复杂； 5）水文地质条件较差，地下水水位埋藏较深，与地下水相关的环境地质问题较突出； 6）地下水开发利用程度中等	1）地形起伏大，地貌类型多样； 2）地层及地质构造复杂； 3）地下水系统结构复杂，含水层层次多，空间分布不稳定； 4）地下水补给、径流和排泄条件、水动力特征、水化学规律复杂； 5）水文地质条件差，地下水水位埋藏深，与地下水相关的环境地质问题突出； 6）地下水开发利用程度高

注：采用"就高不就低"原则，只要有一条满足某一级别，则应定为该级别。

按照环境地质复杂程度将调查区分为三类（见表2）。

表2 调查区环境地质复杂程度分类

环境地质条件简单地区	环境地质条件中等地区	环境地质条件复杂地区
1）地形简单，相对高差小于50 m，地面坡度小于8°，地貌类型单一； 2）地层及地质构造简单，岩性岩相变化小，岩土体结构简单，工程地质性质良好； 3）地下水对岩土体性质或工程基本无影响，水文地质条件良好； 4）地质灾害及不良地质现象发育弱或不发育，环境水文地质问题不突出，危害小； 5）人类活动一般，对地质环境影响轻，破坏小	1）地形较简单，相对高差50～200 m，地面坡度以8°～25°为主，地貌类型较多样； 2）地层及地质构造较复杂，岩性岩相变化较大，岩土体结构较复杂，工程地质性质较差； 3）地下水对岩土体性质或工程影响较大，水文地质条件较差； 4）地质灾害及不良地质现象较发育，环境水文地质问题较突出，危害中等； 5）人类活动较强烈，对地质环境影响较严重，破坏较大	1）地形复杂，相对高差大于200 m，地面坡度以大于25°为主，地貌类型多样； 2）地层及地质构造复杂，岩性岩相复杂多样，岩土体结构复杂，工程地质性质差； 3）地下水对岩土体性质或工程影响大，水文地质条件差； 4）地质灾害及不良地质现象发育强烈，环境水文地质问题突出，危害大； 5）人类活动强烈，对地质环境影响严重，破坏大

注：采用"就高不就低"原则，只要有一条满足某一级别，则应定为该级别。

5.2 工作量定额

1:25 000 水文地质调查基本工作量定额执行表3的规定，1:25 000 环境地质调查基本工作量定额执行表4的规定。设计确定具体工作量时，应考虑下列因素：

a) 本着继承前人成果原则，符合质量要求的已有资料成果可纳入工作量定额。

b) 环境地质调查勘探孔包括一般地质钻孔和专门地质勘探孔，二者所占比例可根据实际需要确定。

c) 常规水质分析指无机组分全分析，应根据需要适当部署生活饮用水全分析、同位素分析等样品。

d) 当合并开展水文地质调查与环境地质调查，且工作量有交叉时，交叉的工作量可根据实际适当减少，但不应低于表3与表4规定工作量之和的50%。

表3 水文地质调查（每百平方千米）基本工作量定额

地区类别		调查路线间距/km	调查点/个	水位统测/个	水文物探/点	抽水试验/组	水文地质钻孔数/个	常规水质分析/件
平原地区	简单地区	1.2~1.5	50~65	15~20	60~75	3~4	2.0~2.5	10~15
	中等地区	1.0~1.2	65~85	20~25	75~90	4~6	2.5~4.0	15~20
	复杂地区	0.7~1.0	85~100	25~40	90~100	6~8	4.0~5.0	20~25
黄土地区	简单地区	1.2~1.5	50~65	6~8	65~75	2~3	1.8~2.0	8~12
	中等地区	1.0~1.2	65~85	8~10	75~90	3~4	2.0~3.0	12~15
	复杂地区	0.7~1.0	85~100	10~12	90~100	4~5	3.0~4.0	15~20
丘陵山地地区	简单地区	0.8~1.0	60~80	6~8	20~30	2~3	2.0~2.5	6~8
	中等地区	0.6~0.8	80~110	8~10	30~40	3~4	2.5~4.0	8~10
	复杂地区	0.4~0.6	110~140	10~12	40~50	4~5	4.0~6.0	10~15
岩溶地区	简单地区	0.8~1.0	60~90	8~10	30~40	3~4	2.0~2.5	10~12
	中等地区	0.6~0.8	90~120	10~12	40~50	4~5	2.5~4.0	12~16
	复杂地区	0.4~0.6	120~150	12~15	50~60	5~6	4.0~6.0	16~22

表4 环境地质调查（每百平方千米）基本工作量定额

地区类别		调查路线间距/km	调查点/个	原位测试/组	原状土样/件	勘探孔数/个	水质污染分析/件	探槽或浅井/个
平原地区	简单地区	1.2~1.5	50~65	2~4	20~40	3~4	10~15	2~3
	中等地区	1.0~1.2	65~85	4~6	40~60	4~6	15~20	3~5
	复杂地区	0.7~1.0	85~100	6~8	60~80	6~8	20~25	5~8
黄土地区	简单地区	1.2~1.5	50~65	1~3	15~30	3~4	8~12	2~3
	中等地区	1.0~1.2	65~85	3~5	30~45	4~5	12~15	3~5
	复杂地区	0.7~1.0	85~100	5~7	45~60	5~6	15~20	5~8
丘陵山地地区	简单地区	1.0~1.2	60~80			4~5	6~8	1~3
	中等地区	0.8~1.0	80~110			5~6	8~10	3~4
	复杂地区	0.5~0.8	110~140			6~8	10~15	4~5
岩溶地区	简单地区	1.0~1.2	60~80			3~4	10~12	3~5
	中等地区	0.8~1.0	80~110			4~5	12~15	5~8
	复杂地区	0.6~0.8	110~140			5~6	15~18	8~10

6 设计书编写

6.1 设计编写准备

6.1.1 资料收集

6.1.1.1 气象

收集区内气象站的长系列降水量、蒸发量、气温、湿度、冻结深度及暴雨等资料，其时间系列长度应与具体评价工作相适应，一般不少于30年。若区内或邻区无专业气象站资料，宜布设简易气象站进行观测。

6.1.1.2 水文

收集区内河流水系的分布、水文站控制流域面积、多年平均径流量、水位及其特征值、水质、水温、含沙量及动态变化资料；湖泊、水库的位置、积水及水面面积、蓄水容量、水位、水质、生态环境功能、供水及防洪作用等；地表水源灌区的分布范围、灌溉引水量、灌溉面积等资料；若无相关水文资料，宜布设简易测站进行观测。

6.1.1.3 遥感

收集不同时期、不同波段的航片和卫片等遥感影像与数据及其解译成果。

6.1.1.4 区域地质

收集地形地貌、地层、构造、岩浆岩等区域地质资料。

6.1.1.5 水文地质与环境地质

应收集以下资料：

a）水文地质调查和勘察成果，包括区域水文地质普查、农田供水水文地质勘察、区内供水水文地质勘察及有关水文地质研究成果等资料；

b）环境地质调查、地质灾害调查评价与防治工程、水土污染调查等成果报告，以及区内主要环境地质问题研究成果等资料；

c）各类钻孔、物化探、地下水动态监测、地质环境监测、野外试验和室内试验等原始资料。

6.1.1.6 与地质环境有关的人类活动

应收集工作区内的社会经济现状、土地利用现状、地下水开发利用现状、发展规划以及矿山开采、重大工程建设情况等资料。

6.1.2 野外踏勘

6.1.2.1 应结合调查区水文地质与环境地质条件有针对性地开展野外踏勘工作。

6.1.2.2 应选择典型路线，重点对典型地质剖面、地下泉水出露、地下水开发利用工程、主要地质环境问题以及土地利用等进行野外踏勘。

6.1.2.3 通过野外踏勘确定野外调查工作思路及主要工作内容。

6.2 设计编写要求

6.2.1 设计编写原则

设计书应做到目标任务明确，依据充分，部署合理，内容全面，方法得当，技术要求具体，组织管理和质量、安全保证措施有力，文字简明扼要，重点突出，附图、附表清晰齐全，经费预算合理。

6.2.2 设计书内容要求

设计书内容要求如下：

a) 设计书编写提纲按照附录 A 执行。

b) 设计书附图及附件包括：

    1) 水文地质略图；

    2) 地质环境现状略图；

    3) 工作部署图；

    4) 典型水文地质钻孔设计图；

    5) 其他相关附图、附表。

7 调查内容

7.1 基本调查内容

7.1.1 人类工程活动调查

应调查以下内容：

a) 调查区土地类型，各类土地的分布、面积，土地利用现状等；

b) 工业与民用建筑、道路交通、水利、电力、采矿、取水、输油（气）管道等重大工程建设情况；

c) 城市地下空间开发利用情况等。

7.1.2 水文调查

应调查以下内容：

a) 河流、水库、湖泊等地表水体的分布、水质；

b) 水库、湖泊等地表水体的库容；

c) 地表水与地下水（含暗河、泉等）的相互作用；

d) 水利工程类型、分布、规模、用途和利用情况；

e) 现状水利工程和地表水补给地下水的可能性。

7.1.3 地形地貌

应调查地貌成因类型、分布、形态与组合特征、物质组成与时代以及地貌单元间的接触关系。调查研究地形地貌与地下水形成、埋藏、富集、补给、径流、排泄的关系。

7.1.4 地层岩性

应调查以下内容：

a) 基岩地层层序、地质时代、厚度、分布、产状、成因类型、岩性岩相特征和接触关系等；

b) 第四纪地层分布、厚度、岩性、成因类型、形成时代、沉积环境、胶结程度、演化规律等，应在成因类型基础上划分至组或段；

c) 第四系与下伏地层的分界面，研究主要含水层的形成时代及新生代的沉积韵律，研究冲洪积层、湖积层、泥炭以及冰积层的分布特征，确定沉积物的成因和沉积环境。

7.1.5 地质构造

应调查以下内容：

a) 地质构造类型、性质、产状、规模、分布、形成时代、活动性及其水文地质意义和对地质灾害形成的影响。在搜集和分析已有资料的基础上，了解工作区大地构造单元部位、区域构造和新构造运动特征。

b）褶皱构造的类型、形态、规模，其地层岩性和产状，次级构造类型、特征和分布，储水构造类型、规模和分布。

c）断裂的类型、力学性质、级别、序次和活动性，影响的地层，断层构造岩分带及断层的水理性质。

d）构造裂隙的类型、力学性质、发育程度、分布规律，裂隙率、裂隙充填情况，构造裂隙与地下水储存、运移的关系。

7.1.6 地下水系统边界

如果调查区存在地下水系统边界，应调查确定边界的类型、性质与范围，边界内外含水层结构和地下水补给、径流、排泄条件的差异，以及人类活动对边界条件的影响等内容。

7.1.7 包气带

应调查包气带的岩性、结构、厚度、分布及其入渗率、含水率、岩土化学特征与地表植被状况等内容。

7.1.8 含水层（组）

应调查以下内容：

a）含水层（组）的埋藏条件和分布规律，包括岩性、厚度、产状、层次、分布范围、埋藏深度、水位、涌水量、水化学成分以及水文地质参数，各含水层（组）之间的关系和水力联系等；

b）隔水层的埋深、厚度、岩性、产状和分布范围。

7.1.9 地下水补给、径流、排泄条件

应调查以下内容：

a）地下水埋藏类型、水位埋深、水位标高、水温；

b）地下水的补给来源、补给方式或途径、补给区分布范围及补给量，地下水人工补给区的分布、补给方式和补给层位、补给水源类型、水质、水量，补给历史；

c）地下水流场、流向、流速、流量和流态；

d）地下水排泄区（带）分布、排泄形式、排泄途径和排泄量；

e）地表水与地下水之间的补给、排泄关系和补给、排泄量；

f）地下水人工调蓄的有利地段、调蓄条件、调蓄范围和调蓄容量等。

7.1.10 地下水动态特征

应调查以下内容：

a）地下水水位、水温、水质的年内和年际动态变化；

b）泉、自流井的流量、水温、水质的动态变化。

7.1.11 地下水化学特征

应调查地下水物理性质、化学成分、水化学类型及其时空变化。

7.1.12 地下水开发利用调查

应调查以下内容：

a）开采井的位置、深度、成井结构、开采含水层、开采量、用途、开采方式、开采时间等，调查区分散开采井数、密度、开采总量和利用状况（工业用水、农业用水、生态用水和生活用水量）；

b）集中供水水源地位置、开采井数量、深度、成井结构及间距、开采含水层、单井开采量、

水源地开采总量和利用状况，各开采井的静水位（或埋深）、动水位（或埋深）及历史变化情况；

    c) 其他地下水取水工程位置、取水方式、取水含水层、取水量和利用状况；

    d) 地下水年开采总量和各含水层（组）的开采量。

7.1.13 环境地质问题调查

7.1.13.1 应调查崩塌、滑坡、泥石流、地面塌陷、地面沉降、地裂缝等地质灾害，采矿活动引发的矿山地质灾害、地形地貌景观破坏、含水层破坏与土地资源损毁等矿山环境地质问题，以及区域地下水位降落漏斗、地下水污染、土壤污染、地方病、原生劣质地下水、生态环境恶化（石漠化、荒漠化、盐渍化、沼泽化）等与地下水有关的环境水文地质问题。

7.1.13.2 滑坡、崩塌、泥石流按照DZ/T 0261的要求调查。

7.1.13.3 地面塌陷应调查地面塌陷分布范围、规模、危害程度、形成条件及其成因，预测发展趋势。

7.1.13.4 地面沉降按照DZ/T 0283的要求调查。

7.1.13.5 地裂缝应调查地裂缝位置、分布、规模等特征，确定地裂缝的诱发因素，分析地裂缝与地面沉降、地面塌陷等地质灾害的关系，确定地裂缝的诱发因素；了解和掌握地裂缝危害、监测、防治现状与效果。

7.1.13.6 区域地下水降落漏斗应调查区域地下水降落漏斗分布、范围、年际变幅、中心水位与埋深，以及形成时间与发展历史，分析预测发展趋势，了解其造成的危害状况。

7.1.13.7 地下水污染应调查以下内容：

    a) 河流及其他受污染地表水体、污水回灌井、垃圾场等地下水污染源类型与分布，有害组分与数量，地下水污染程度、范围、深度、方式与途径、危害程度等，预测发展趋势；

    b) 农作物种植区应重点调查化肥、农药等面源污染对地下水污染的影响及防护措施；

    c) 城市、村镇附近应重点调查工业废水与生活污水对地下水污染的影响及防护措施；

    d) 矿区附近应重点调查采矿活动对地下水污染的影响及防护措施；

    e) 油气、盐碱矿开采区应重点调查油井及盐碱矿井开采对地下水污染的影响及防护措施。

7.1.13.8 土壤污染应调查土壤污染现状、污染源类型、分布、污染途径与介质特征、危害程度等，预测发展趋势。

7.1.13.9 石漠化应调查石漠化分布、基本特征、地表堆积物特征等，分析石漠化形成的控制因素，了解和掌握石漠化危害、防治现状与治理效果。

7.1.13.10 土地荒漠化应调查土地荒漠化分布、类型和发育特征，分析控制土地荒漠化形成的自然因素和人为因素，预测其发展趋势，了解其危害和防治现状。

7.1.13.11 土地盐渍化与沼泽化应调查土地盐渍化及沼泽化的分布范围、演化历史、影响程度，分析其形成条件与地下水的关系，预测发展趋势。

7.1.13.12 原生劣质地下水应调查原生劣质地下水分布范围、层位、化学成分、水化学特征、历史演化及危害程度，分析其形成机理。

7.1.13.13 地方病应调查地方病类型、分布、患病程度，以及地方病与地下水、土壤环境的关系，防病改水情况等。

7.1.14 特殊类型地下水调查

    调查地下热水、矿泉水、咸水、卤水、肥水的分布特征和开发利用情况等。

7.2 不同类型区专门调查内容

7.2.1 平原地区

7.2.1.1 山前冲洪积平原

应调查以下内容：

a) 冲洪积扇分布范围及垂向、纵横方向岩性的变化规律，组成冲洪积扇的第四纪堆积物的来源、地层结构、岩性特征；

b) 山区与冲洪积平原的接触关系，山前构造带的类型、力学性质、规模、活动性和水理性质（导水、隔水、充水等），山前侧向径流补给；

c) 冲洪积扇不同部位含水层的岩性、厚度、埋藏深度、富水性以及地下水的水动力条件和水质、水量、水温的变化规律；

d) 扇顶到前缘方向地下水埋藏条件及分带特征，地下水溢出带的分布范围、溢出泉流量及总溢出量；

e) 埋藏型冲洪积扇埋藏条件、分布范围、岩性、厚度及其水文地质特征；

f) 河谷阶地的形态、分布范围、地质结构、岩性、厚度、成因和叠置关系，河谷阶地地下水的补给、排泄条件以及河水与地下水的补排关系；

g) 山区河流对冲洪积平原地下水的补给位置及补给量；

h) 冲洪积平原地下水的调蓄空间，确定有利的调蓄补给地段。

7.2.1.2 冲（湖）积平原

应调查以下内容：

a) 冲积、湖积、冰水堆积等第四纪不同成因堆积物的形成时代、分布范围、埋藏条件、厚度、岩性特征以及接触关系；

b) 古河道的分布范围、埋藏深度、岩性特征及水文地质条件；

c) 湖相地层的分布、结构、埋藏深度、厚度、岩性特征；

d) 咸水的分布与埋藏条件，咸、淡水界面位置（水平、垂向）及变化特征，咸水分布区淡水透镜体的分布规律、埋藏及形成条件；

e) 地面沉降、地裂缝、地下水与土壤污染、地方病、土地盐渍化、土地沼泽化等主要环境地质问题。

7.2.2 山地丘陵地区

7.2.2.1 基本调查内容

应调查以下基本内容：

a) 断裂、褶皱等地质构造的类型、规模、力学性质、活动性、胶结和充填程度，不同构造的水理性质、地下水赋存条件和储水构造的分布；

b) 节理、裂隙等微构造的形态、发育特征与不同地层、构造部位的关系，裂隙强发育带的产状及分布情况，裂隙发育程度、充填胶结情况、地下水活动的痕迹；

c) 山间盆地的成因、分布范围、汇水面积、沉积物的成因类型、岩性、含水层的富水性和地下水的赋存条件；

d) 山间河谷平原含水层的分布、成因类型、厚度变化和富水性，沟谷长度、汇水面积、阶地形态与结构、分布范围等；

e) 山区河流的长度、汇水面积、流量、水质，泉的分布、成因、高程、补给条件、流量、水质、水温和动态特征等；

f) 崩塌、滑坡、泥石流、采空塌陷、水土污染、地方病等主要环境地质问题。

7.2.2.2 沉积岩地区

应调查以下内容：

a) 自流水盆地、自流斜地等蓄水构造的分布、岩性、补给条件和富水特性；

b) 软硬岩层组合情况，岩层产状与地形的关系，脆性岩层夹层的连续厚度、分布、裂隙发育特征及含水层与隔水层分布组合特征。

7.2.2.3 岩浆岩地区

应调查以下内容：

a) 侵入岩类风化带的分布、性状、厚度及影响因素，围岩接触蚀变带的类型、宽度、裂隙发育程度及其水文地质特性；

b) 喷发岩类的喷发方式，各次喷发熔岩流之间接触带的性质、分布及其富水性，并注意研究凝灰质岩层的隔水性及裂隙性熔岩的富水性；

c) 各期熔岩台地的分布、高程、柱状节理和气孔发育程度等与地下水补给和赋存的关系，火山口周围玄武岩岩性、厚度与地下水水位、水质及富水性的变化，边缘地下水溢出带的分布。

7.2.2.4 变质岩地区

应调查以下内容：

a) 大理岩的岩性、厚度、产状、稳定性和岩溶裂隙发育程度对富水性的影响；

b) 片麻岩及其他变质岩类的风化带性状、厚度、分布、汇水面积及富水性。

7.2.3 岩溶地区

7.2.3.1 按裸露型、半裸露型、覆盖型以及埋藏型等岩溶地层埋藏条件，调查各类型岩溶的分布范围及分区界线。

7.2.3.2 应调查岩溶塌陷、崩塌、滑坡、泥石流、石漠化、地下水污染等主要环境地质问题。

7.2.3.3 岩溶地质条件应调查以下内容：

a) 断裂带的产状、性质、延伸情况，断层带宽度及其变化和充填物质等，研究断层带附近岩溶发育情况及其导水性和对岩溶水流运动的影响；

b) 主要褶皱、隆起与坳陷等的分布、性质及其相互间的连接变化情况，着重调查不同构造单元内岩溶发育的差异性及岩溶水流赋存与运动的不同特征；

c) 构造体系的性质与特征，研究不同构造体系对区域性岩溶发育和水文地质条件的影响，挽近构造运动的表现，研究地壳差异性升降运动对区域岩溶水的埋藏与运移的影响；

d) 进行裂隙力学性质、水理性质的调查统计。

7.2.3.4 岩溶地貌应调查以下内容：

a) 裸露、半裸露型地区的岩溶地貌形态、地层岩性与岩溶地貌的关系、地质作用对岩溶地貌的影响，岩溶洞穴的分布、空间形态、规模、充填物、成因等；

b) 覆盖型和埋藏型地区的地表地貌形态、覆盖层厚度与岩性，下部岩溶形态、岩溶裂隙和管道特征以及岩溶发育程度的水平和垂直分布情况，各种埋藏的古地貌及其与古岩溶的关系。

7.2.3.5 岩溶发育特征应调查以下内容：

a) 区域岩溶作用的动力条件及溶蚀速度，区域岩溶发育强度与控制因素的关系，地表各种岩溶形态的特点及空间分布规律；

b) 地下岩溶管道、裂隙和洞穴的类型、结构、空间形态特征及分布规律，蓄水构造、表层岩溶带的分布与发育特征，区域岩溶形态组合类型，岩溶发育与地下水分布的关系。

7.2.3.6 岩溶水系统应调查以下内容：

a) 岩溶流域的边界、结构，地表水文网与岩溶发育的关系，地表水与岩溶地下水之间的转化关系与转化量，划分岩溶地下水系统；

b) 岩溶地下河及岩溶泉的位置、高程、形态、补给条件与开发利用条件、流量、水质及动态变化等；

c) 表层岩溶水的分布规律和水资源特征，蓄水构造的富水地段，岩溶水资源量。

7.2.4 黄土地区

7.2.4.1 黄土丘陵区应调查以下内容：

a) 梁峁形态、规模、高程变化，组成梁峁的黄土地层层序、时代、岩性、厚度，与下伏非黄土地层或基岩的接触关系；

b) 沟谷分布及形态，掌地、洞地的分布、规模、堆积物的厚度、岩性组成和汇水面积；

c) 黄土层地下水的埋藏条件、分布规律、富水程度及水质，泉的出露位置、高程、流量、水质、成因等；

d) 裸露和下伏基岩风化裂隙带地下水、沟谷冲洪积层潜水及基岩储水构造。

7.2.4.2 黄土塬区应调查以下内容：

a) 地貌单元、形态以及微地貌，黄土塬的形态、规模、高程变化，塬面洼地的分布、形态、成因，沟谷的分布及其切割程度；

b) 组成塬体的第四纪地层层序、岩性、厚度，黄土的垂直节理、裂隙发育与贯通情况，黄土及古土壤层厚度及其组合特征；

c) 黄土地下水的埋藏条件与分布规律，地下水的补给和排泄条件，塬坡泉水出露特征及其排泄量；

d) 前第四纪地层、地质构造，基岩风化裂隙带地下水及储水构造。

7.2.4.3 黄土河谷平原区应调查以下内容：

a) 洪积扇、冲出锥、阶面、河床等地貌形态、特征，阶地的类型与结构，古河道的分布，河流水文特征；

b) 第四纪地层的岩性、岩相、厚度，土壤盐渍化程度、分布、特征及其形成的水文地质条件。

7.2.4.4 应调查黄土崩塌、滑坡、泥石流、黄土陷穴、土地沙漠化与盐渍化、地下水与土壤污染、地方病等环境地质问题。

8 技术方法及要求

8.1 遥感解译

8.1.1 基本要求

8.1.1.1 遥感解译应先于地面调查工作，遵循前期技术准备→初步解译→建立野外解译标志→详细解译→野外验证与同步解译→再解译的工作程序。

8.1.1.2 遥感影像应选择云朵覆盖少、清晰度高、可解性强的最新卫星图像及航空像片，其分辨率应不低于 2.5 m。

8.1.1.3 对水文地质问题及环境地质问题研究有重要指示意义的特殊影像，宜选定重点地段进行多时相遥感资料的动态解译分析。

8.1.2 遥感解译内容

根据调查任务和不同地区及所选用的遥感图像的可解性与所需要解决的实际问题确定解译内容，一般应包括内容如下：

a) 地貌基本轮廓、成因类型、主要微地貌形态组合及水系分布发育特征，判定地形地貌、水系特征与地质构造、地层岩性及水文地质条件、环境地质条件的关系；

b) 褶皱、断裂（隐伏断裂、活动断裂）等主要构造形迹的分布位置、发育规模及展布特征，新构造活动形迹在影像上的表现，判定地质构造与地质灾害及水文地质条件的关系；

c) 各类地层岩性、岩土体类型，黄土、盐渍土等特殊土体的分布发育特征；

d) 各种水文地质现象，圈定泉点、泉群、泉域、地下水溢出带的位置，河流、湖泊、库塘、沼泽、湿地等地表水体及其渗失带的分布，圈定河床、湖泊泥沙淤积地段及古溃口和管涌等发育地段、洪水淹没区域，确定古（故）河道变迁、地表水体变化以及各种岩溶现象的分布发育；

e) 主要环境地质问题的分布、规模、形态特征、危害以及发展趋势；

f) 土地利用现状，人类工程经济活动及其对地质环境的影响等。

8.1.3 其他技术要求按照 DZ/T 0190 及 DZ/T 0151 相关要求执行。

8.2 水文地质与环境地质测绘

8.2.1 基本要求

8.2.1.1 应以查明水文地质与环境地质条件和问题及满足编图为原则布置调查路线和调查点，避免均匀布线、布点。

8.2.1.2 对点状地质环境问题应逐点调查，对线状地质环境问题宜采用追踪调查，对面状地质环境问题宜采用路线穿越调查。

8.2.1.3 野外工作底图应采用 1:10 000 比例尺地形图，地质条件复杂程度简单的地区可采用 1:25 000 比例尺地形图，重点工作区应根据需要采用 1:10 000 或更大比例尺地形图。

8.2.2 调查路线布置要求

应以控制水文地质与环境地质条件、重要地质地貌界线和水点以及主要环境地质问题为重点，采用路线穿越法与界线追索法相结合的调查方法布置调查路线，要求如下：

a) 沿垂直河流方向穿越，必要时沿河谷、沟谷方向追索；

b) 沿地下水流向及井、泉、岩溶水点、矿井等地下水露头多的方向；

c) 沿含水层（带）和富水性、水化学特征变化显著方向；

d) 沿原生和次生环境地质问题变化显著方向；

e) 沿垂直岩层（或岩体）、构造线走向；

f) 沿地貌形态变化显著方向等。

8.2.3 调查点布置要求

应在下列地段布置调查点：

a) 地层界线、断层线、褶皱轴线、岩浆岩与围岩接触带、标志层、典型露头和岩性、岩相变化带；

b) 地貌、微地貌分界线和自然地质现象发育处；

c) 井、泉、钻孔、矿井、坑道、岩溶水点（如暗河出入口、落水洞、地下湖等）、地表水体和重要水利工程、建设工程和地质灾害、矿山环境防治工程；

d) 原生和次生地质环境问题发育处；

e) 污染源、垃圾场、矿山及固体废弃物堆放处；

f) 与地下水及地质环境问题有关的其他重要显示处。

8.2.4 精度要求

精度应满足下列要求：

a) 按1∶25 000水文地质环境地质调查数据库建库要求采集数据；

b) 控制性调查点和重要地质、地貌、水文地质体、地质灾害位置应采用仪器实测或精确的卫星导航定位系统定位，一般性调查点可采用手持卫星导航定位系统定位；

c) 宽度大于50 m或面积大于2 500 m²的地质体、长度大于250 m的线状地质体（如断裂与褶皱等）均应正确表示于图上；

d) 对于具有水文地质、环境地质特殊意义的地质体，即使小于前述规定亦应放大表示于图上；

e) 各类调查点及界线的图面标绘误差应不超过1 mm；

f) 调查路线与调查点密度按本标准正文表3和表4执行。

8.3 地球物理勘探

8.3.1 地面物探

8.3.1.1 布置原则

应按下列原则进行布置：

a) 地面物探的布置应根据待查的水文地质与环境地质条件和主要环境地质问题而定，重点布置在地面调查难以判断而又需要解决的地段、钻探试验地段以及钻探工作困难或仅需初步探测的地段；

b) 规模大型、灾情（或危害）重大级及以上的地质灾害隐患点等重要地质环境问题应布置物探工作；

c) 应根据需要解决的水文地质、环境地质问题，结合测区地形地物条件，合理布置物探测线和测点，测线长度、间距应能控制被探测对象；

d) 物探剖面方向应垂直勘查对象的总体走向，或垂直被探测体的长轴方向，或沿着水文地质条件变化大的方向，并应尽可能与已有的或设计的钻探剖面线一致；

e) 地面物探探测深度应大于钻探控制深度。

8.3.1.2 方法选择

8.3.1.2.1 采用的物探方法应具备的基本条件：被探测对象的相邻介质对同一物性参数有明显的差异，被探测对象有一定规模，有干扰因素存在时仍能分辨出被探测对象引起的异常，地形、植被的影响程度不致造成野外工作不能开展。

8.3.1.2.2 应根据调查任务的实际需要，结合工作区地形、地貌、探测对象的物理条件和几何尺度以及交通等工作条件，确定物探方法和仪器设备。对于单一方法不易判定的或较复杂的水文地质与环境地质问题，宜采用两种或两种以上方法相互验证。

8.3.1.2.3 应根据工作区地貌、地质条件和需要解决的主要问题，以及不同物探方法的应用条件和干扰因素正确选择物探方法。常用的地面物探技术方法有直流电法、电磁法、弹性波法、层析成像法、放射性法等。各种技术方法可以解决的问题、应用条件和经济技术特点及适用条件见附录B。

8.3.1.3 技术要求

应根据所选用的地面物探方法参照相应的技术规范执行。

8.3.2 水文测井

8.3.2.1 基本要求

a) 水文地质钻孔应进行水文测井，宜采用多种测井方法进行对比或补充；

b) 配合钻探取样划分地层，评价水文地质条件，为取得有关参数提供依据。

8.3.2.2 方法选择

常用的测井方法有电阻率测井法、自然电位测井法、放射性测井法、参数测井法、井下电视等，见表5。根据具体水文地质条件及要解决的主要问题优选。

表5 水文地质钻孔水文测井方法一览表

测井方法	解决的问题	应用条件	经济、技术特点
电阻率测井	1. 确定第四系（松散地层）岩性及厚度； 2. 划分咸淡水界面； 3. 确定含水层岩性、顶底板界面和厚度、岩层裂隙及岩溶发育段、发育程度及富水性等	在充水（液）孔中测试	电极组合方式较多，资料解译简单、成熟
自然电位测井	1. 判断地层岩性及厚度； 2. 划分咸淡水界面； 3. 确定含水层岩性、厚度及富水性等	在充水（液）孔中测试	方法简单、技术成熟
放射性测井	1. 确定第四系岩性、厚度； 2. 确定松散层厚度，判断岩性	1. 干孔、充水（液）孔中测试； 2. 孔内无套管	方法简单、资料直观
参数测井	1. 确定松散地层岩性、厚度； 2. 探测地层渗透性、孔隙度等； 3. 孔斜、孔径参数等	1. 干孔、充水（液）孔中测试； 2. 孔内无套管	对地层微观结构灵敏，可解决一些特殊问题，如渗漏率、持水性等
井下电视	1. 了解钻孔内岩石破碎带的发育特征、状况； 2. 了解钻孔内洞穴的位置、形状及发育特征	1. 干孔、清水孔中测试； 2. 孔内无套管	信息量大、直观，能提供彩色井壁图像，利于分析，成本适中

8.3.2.3 水文测井技术要求按照 DZ/T 0181 执行。

8.4 钻 探

8.4.1 水文地质钻探

8.4.1.1 布置原则

应按下列原则进行布置：

a) 应在遥感解译、水文地质测绘和充分利用以往勘探孔资料的基础上，根据地质、地貌和水文地质条件以及物探资料，合理布置勘探线和勘探网；

b) 勘探孔的布置应满足查明水文地质条件、开展地下水资源评价和专门任务的需要；

c) 每个钻孔的布置应目的明确，尽可能一孔多用，必要时可作为地下水动态监测孔。

8.4.1.2 技术要求

水文地质钻探主要技术要求见附录C。

8.4.2 工程地质钻探

8.4.2.1 布置原则

应按下列原则进行布置：

    a）在规模大型、灾情（或危害）重大级及其以上的地质灾害或其他重大地质环境问题的勘查工作中应布置钻探；

    b）应根据环境地质问题类型、规模、性质和欲探明的具体问题，结合环境地质条件复杂程度合理布置勘探线和勘探孔。

8.4.2.2 技术要求

8.4.2.2.1 钻孔深度根据探测对象而定，一般要求如下：

    a）滑坡勘探孔深度应穿过最下一层滑动面 3 ~ 5 m；

    b）岩溶塌陷勘探孔深度应穿过岩溶强发育带 3 ~ 5 m；

    c）地裂缝勘探孔深度应大于地裂缝的推测深度，并穿过当地主要的地下水开采层位；

    d）地面沉降勘探孔深度应穿过当地取水层位 3 ~ 5 m，并进入非变形沉降层（或稳定构造沉降层）20 ~ 30 m。

8.4.2.2.2 钻孔孔径不宜小于 110 mm，采取原状岩土样品的钻孔孔径不宜小于 130 mm。

8.4.2.2.3 其他技术要求按照 DZ/T 0017 执行。

8.4.3 洛阳铲钻探

8.4.3.1 主要用于平原地区和黄土地区包气带结构调查、不含碎石的黏性土地层调查及土壤污染、土地盐渍化等地质环境问题调查。

8.4.3.2 洛阳铲钻探施工技术要求按照 DZ/T 0017 执行。

8.5 井探与槽探

8.5.1 对重要环境地质问题的调查宜布置适量的探槽和浅井，配合水文地质与环境地质测绘进行。

8.5.2 探槽、浅井的规格应根据调查中需要解决的问题和施工安全具体确定。

8.5.3 探槽、浅井的施工技术要求可按照 SL 166 执行。

8.6 抽水试验

8.6.1 基本要求

应满足下列要求：

    a）抽水试验应部署在具有区域意义的能控制不同含水层（组）的典型地段；

    b）应以带观测孔的非稳定流抽水为主，无合适观测孔的可进行单孔稳定流抽水试验；

    c）抽水试验孔宜采用完整井；

    d）可利用机（民）井或天然水点作观测点，如需布置专门的抽水试验观测孔，应根据水文地质条件和要解决的水文地质问题确定位置；

    e）双层或多层结构含水层系统应分层进行抽水试验，水质垂向分带的厚层含水层，应按水质分段进行抽水试验。

8.6.2 非稳定流抽水试验要求

应满足下列要求：

    a）宜进行一次大流量、大降深抽水。

    b）应布设至少 1 个观测孔，观测孔距离主孔不宜过远，且能避开抽水主井三维流的影响。

    c）抽水孔出水量应基本保持常量，波动值不超过正常流量的 3%，当出水量很小时，可适当放宽。

d) 应同时观测抽水主孔出水量、动水位和观测孔水位，宜在抽水开始后第 1 min、2 min、3 min、5 min、7 min、10 min、15 min、20 min、25 min、30 min、40 min、50 min、60 min、80 min、100 min、120 min 各观测一次，以后可每隔 30 min 观测一次，抽水孔的水位读数应精确到厘米，观测孔的水位读数应精确到毫米，水温、气温宜每隔 2 h 观测一次，读数应精确到 0.5 ℃，观测时间应与水位观测时间相对应。

e) 抽水试验延续时间，应按水位下降与时间关系曲线确定，并应符合下列要求：

1）s（Δh^2）—$\lg t$ 关系曲线有拐点时，延续时间宜至拐点后的趋于水平线段；

2）s（Δh^2）—$\lg t$ 关系曲线没有拐点时，延续时间宜根据试验目的确定，当有观测孔时，应采用最远观测孔的 s（Δh^2）—$\lg t$ 关系曲线确定。

f) 抽水停止后，应立即进行恢复水位观测，观测时间按本条上述要求进行，直至水位恢复稳定。

注1：在承压含水层中抽水时采用 s—$\lg t$ 关系曲线，在潜水含水层中抽水时采用 Δh^2—$\lg t$ 关系曲线；

注2：s 为动水位下降值，$\Delta h^2 = H^2 - h^2$，$h = H - s$，H 为含水层厚度。

8.6.3 稳定流抽水试验要求

应满足下列要求：

a) 宜进行 3 次水位降深，最大水位降深值应根据水文地质条件，并考虑抽水设备能力确定，其余 2 次降深值宜分别为最大降深值的 1/3 和 2/3，最小水位降深应不小于 1 m。

b) 基岩含水层水位降深顺序宜按先大后小、松散含水层水位降深顺序宜按先小后大逐次进行。

c) 水位稳定标准如下：

1）稳定时间内，抽水孔出水量和动水位与时间关系曲线仅在一定的范围内波动，且没有持续上升或下降的趋势；

2）稳定时间内，主孔水位波动值应不超过 3~5 cm，观测孔水位波动值应不超过 2~3 cm；

3）主孔出水量波动值应不超过平均流量的 3%。

d) 抽水试验稳定延续时间：

1）卵石、圆砾和粗砂含水层为 8 h；

2）中砂、细砂和粉砂含水层为 16 h；

3）基岩含水层（带）为 24 h。

e) 根据含水层的类型、补给条件、水质变化和试验目的等因素，稳定延续时间可适当调整，中、小降深的抽水稳定延续时间可为 8~12 h。

f) 每次降深抽水试验时，动水位和出水量观测应同步进行，抽水停止后，均应立即进行恢复水位观测，抽水和恢复水位观测时间可按本标准8.6.2条要求执行。

8.6.4 抽水试验其他要求

抽水试验其他要求按照 GB 50027 执行。

8.7 样品采集与测试

8.7.1 水质分析

8.7.1.1 采样范围与要求

应根据工作目的和需要解决的问题进行采样，要求如下：

a) 有代表性的水文地质观测点（机井、民井、泉及地表水体）及集中供水水源地应采集全分析水样，并在有代表性的供水水源井采集生活饮用水分析水样；

b) 抽水试验孔（井）应分层或分段采集全分析水样；

c) 地下水动态监测点初次观测时应采集全分析水样，观测期内应定期采集简分析水样；

d) 地方病分布区、癌症高发区、地下水污染区、矿区应增加采集专项成分分析水样；

e) 水样采集与送检要求按 HJ 493 执行。

8.7.1.2 水质分析项目

8.7.1.2.1 简分析

简分析应测试下列指标：

水温、颜色、浑浊度、臭和味、肉眼可见物、电导率、Eh 值、pH 值、钾离子、钠离子、钙离子、镁离子、铵根、氯离子、硫酸根、碳酸氢根、碳酸根、硝酸根、亚硝酸根、氟化物、总硬度、溶解性总固体等指标，其中水温、颜色、浑浊度、臭和味、电导率、Eh 值、pH 值、肉眼可见物等应在采样现场测定。

8.7.1.2.2 全分析

全分析的项目应在简分析项目的基础上，增测铁、锰、汞、砷、铅、镉、六价铬、可溶性 SiO_2、耗氧量（COD）、游离 CO_2 等。

8.7.1.2.3 生活饮用水分析

生活饮用水分析指标按照 GB 5749 执行。

8.7.1.2.4 地下水污染分析

地下水污染分析指标按照 DZ/T 0288 执行。

8.7.1.2.5 专项分析

水质专项分析包括：

a) 工矿、城镇、农灌区及其附近地下水已受污染或可能受污染的地区，应增测与工矿、城镇等"三废"排放和使用农药、化肥等有关的有害、有毒物质和组分分析；

b) 地方病区应增加可能与地方病有关的特殊指标和微量元素分析；

c) 矿区附近应增加与矿产有关的有害微量元素分析；

d) 矿泉水、地下热水应按矿泉水、地下热水水质评价要求增加有关组分和微量元素分析；

e) 放射性高背景值或高异常地区应增加放射性元素含量或指标分析。

8.7.2 岩（土）样分析

8.7.2.1 采样范围与要求

应按以下要求采集岩（土）分析样品：

a) 在原生劣质地下水分布区、地方病区或水质异常区，应采集钻孔岩（土）样分析化学成分、可溶岩含量、异常元素和放射性元素等含量；

b) 应根据实际需要在工程地质钻孔、探井、探槽中采集岩（土）样，进行岩土体物理力学性质测试分析。

8.7.2.2 岩样分析项目

a) 应测试岩石物理力学指标，包括：密度、天然重度、饱和重度、孔隙率、孔隙比、含水率、吸水率、饱和吸水率、抗压强度（天然、干燥、饱和）、软化系数、抗剪强度、弹性模量和泊松比等；

b) 可溶岩应增加化学成分分析，测定 CaO、MgO、SiO_2 和酸不溶物等含量。

8.7.2.3 土样分析项目

应测试以下指标：

a) 土的物理力学指标，包括：颗粒成分、密度、含水率、比重、孔隙比、饱和度、压缩系数、压缩模量、凝聚力、内摩擦角等；

b) 黏性土应增测塑性指标（塑限、液限、塑性指数、液性指数和含水比）、无侧限抗压强度等；

c) 砂土应增测最大干密度、最小干密度、颗粒不均匀系数、相对密度、渗透系数等指标；

d) 黄土应增测相对湿陷系数、相对湿陷量和湿陷起始压力等指标；

e) 膨胀土应增测自由膨胀率等指标。

8.7.3 土壤污染分析

8.7.3.1 采样基本要求

应符合以下要求：

a) 应在人类活动影响不到或尽量小的地带采集土壤样品，测试土壤背景值，一般同一土壤类型采集 3~5 个样品。

b) 土壤污染样品采样点的布设，应考虑污染源、污染方式、污染途径及土地利用类型等因素而定，原则如下：

   1) 受农药、化肥等施用而导致面状污染的地段，宜采用网格法布点；

   2) 受排放污水影响而导致污染的地段，宜沿污水流向呈带状布点；

   3) 受大气污染物沉降而导致污染的地段，宜以污染物沉降中心向四周呈放射状布点；

   4) 受固体废弃物堆放影响而导致污染的地段，宜以堆放场为中心，沿地表径流和地下水流向布点；

   5) 采样点密度和样品数量按本标准正文表3执行，并应能满足土壤污染评价要求。

c) 采样深度应为 0~20 cm 的表土和 20~40 cm 的心土。

d) 放射性高背景值或高异常地区应增加放射性元素含量或指标分析。

8.7.3.2 土壤污染分析项目

应根据调查区实地情况，以能充分反映调查区土壤污染情况为原则，按照 GB 15618 确定土壤污染分析项目。

8.8 原位测试

8.8.1 应根据环境地质问题调查的需要，选择合适的方法进行原位测试。

8.8.2 原位测试技术要求按照 GB 50021 执行。

8.9 地下水动态监测与水位统调

8.9.1 地下水动态监测

8.9.1.1 监测点布设原则

应按以下原则进行布置：

a) 应能控制调查区地下水动态变化规律，按地下水系统布置；

b) 应遵循点、线、面相结合与浅、中、深相结合的原则；

c) 区域性地下水监测点宜均匀布置，控制性地下水监测点应按剖面布置；

d) 重要井、泉、地下水水源地及可能发生环境水文地质问题的典型地段应布设监测点。

8.9.1.2 监测点密度

应符合下列要求：

a）应与水文地质复杂程度、地下水开采利用程度以及地下水环境问题突出程度相适应；

b）水文地质条件中等地区主要含水层或开采层的监测点每百平方千米应不少于 2~3 个，水文地质条件简单地区取中等地区的 80%，水文地质条件复杂地区取中等地区的 120%；

c）非主要含水层或非主要开采层监测点密度可根据具体情况适当控制；

d）按剖面布设的控制性监测点应不少于监测点总数的 20%。

8.9.1.3 监测持续时间

应不少于 1 个水文年。

8.9.1.4 监测项目与要求

监测项目与要求如下：

a）水位监测：同一地区应统一监测时间，宜每 5 天监测一次，逢 5 日、10 日进行监测（2 月份为月末日）。

b）水量监测：对于泉和自流井，流量观测应与水位观测同步；应每月定期对开采井进行地下水开采量的调查与实测。

c）水质监测：水质监测频率宜为每年两次，应在丰水期和枯水期各采样一次，进行水质分析。

d）水温监测：选择控制性监测点进行水温监测，并与地下水水位监测同时进行。

8.9.1.5 其他技术要求

地下水动态监测其他技术要求按照 DZ/T 0133 执行。

8.9.2 地下水位统调

应符合下列要求：

a）地下水位统调点的布置应能控制不同含水层系统的地下水流场；

b）应在丰水期和枯水期分别进行一次地下水位统一调查；

c）每次统调应在同一时段内快速调查完毕，尽量避免雨雪、地下水开采等因素影响。

9 综合评价

9.1 地下水资源量评价

9.1.1 基本要求

应满足下列要求：

a）应在综合分析区域水文地质条件的基础上，构建调查区水文地质概念模型和地下水资源评价模型；

b）评价方法可根据具体水文地质条件和研究程度选择，宜采用均衡法和数值法相结合的方法进行评价；

c）应在分析调查区水文地质条件的基础上，合理地选用计算公式进行水文地质参数计算，可利用抽水试验、野外试验、室内试验资料或通过较长系列地下水动态资料反求，取得各计算单元所需的水文地质参数；

d）应以溶解性总固体为标准，按照 <1 g/L，1~3 g/L，3~5 g/L，>5 g/L 四个等级进行地下水资源数量评价，已被严重污染和可引发地方病的劣质地下水，应指出其所在的含水层，圈出其分布范围，单独予以评价；

e) 应将评价的地下水资源量分配到各级行政单元中，要求以最小计算块段所属范围分配，若一个计算块段跨越两个或两个以上的行政单元，应以计算块段中的资源模数、面积并结合当地水文地质条件进行分配。

9.1.2 地下水天然补给资源量评价

应满足下列要求：

a) 应采用长系列降水量资料，计算多年平均地下水天然补给资源量；大气降水量系列要求延长到评价工作年份，降水量系列长度一般应不小于 30 年，计算逐年降水量的系列均值及其相应的降水入渗补给量。

b) 地下水天然补给资源量在平原区宜采用补给量总和法评价，同时计算排泄量，用水均衡方法进行校核，总补给量与总排泄量的相对误差绝对值应小于 10%；在山地丘陵区宜采用排泄量法或河川径流量分割法评价；在岩溶地区宜采用补给量总和法或排泄量法评价。

c) 应采用本次调查的最新资料及数据进行计算，除降水量要延长系列外，其他相关数据，如地下水开采量、地下水水位、河川径流量、渠道引水量、灌溉面积、灌溉定额等的选取应与降水量时间序列基本一致，并尽可能采用最新数据；地下水矿化度分级、勘查孔及试验资料也要利用近年的新资料。

d) 研究程度比较高、资料系列比较长的地区，应以动态的观点分析研究自然和人为因素对地下水补给、径流、排泄条件及水文地质参数的影响。在此基础上，对相应的水文地质参数进行修改和补充，利用修改后的水文地质参数来评价地下水各个补给项和排泄项。

9.1.3 地下水可开采资源量评价

应满足下列要求：

a) 应根据一定的经济技术水平，结合取水构筑物类型和开采方案规划，在考虑环境约束的基础上评价地下水可开采资源量。

b) 地下水埋藏浅的地区，应以地下水生态水位埋深作为潜水（或浅层地下水）可开采资源量评价的主要约束条件。

c) 地下水原本埋藏较深或近年来地下水水位不断下降的地区，应以地下水水位不再继续下降、建立新的地下水水位动态平衡为约束条件。

d) 重点地区应采用地下水水流数值模型计算可开采资源量，计算方法参照 GB 50027 执行。

e) 一般地区可根据具体水文地质条件和研究程度，选择下列方法计算可开采资源量：

　1) 在富水地段，在以往已经完成的选定开采方案下，通过模型计算可开采资源量；

　2) 有长期地下水动态观测资料地区，利用 Q—S 观测资料建立一元一次方程组和二元一次方程组，确定不同水位降深（S）下的地下水可开采资源量；

　3) 开采和观测历史较长的地区，采用地下水水位变幅稳定时段的开采量作为可开采资源量；

　4) 研究程度较差地区，用现状开采量加上规划水源地开采资源量近似计算；

　5) 用代表性地区取得的可开采系数，类比到相似地区计算可开采资源量。

9.1.4 深层承压水可开采量评价

在深层承压水具备供水意义的地区，评价深层承压水可开采量时应考虑下列因素：

a) 评价要包括勘查（钻探、物探）深度内揭露的所有深层淡水承压含水层；

b) 深层承压水可开采量评价应考虑环境约束，一般以每年地面沉降量和总地面沉降量作为水头允许下降的约束条件，原则上应根据调查区实际情况确定；

c）对于研究程度较高、具有非稳定流抽水试验资料的地区，对各个深层承压含水层的容积储存量、侧向补给量、弹性释放量、弱透水层被压缩释放量、越流量应逐项分别计算；

d）对于开采程度较高，并具有较长时间观测资料的地区，应建立数值模型计算深层承压水可开采量；

e）对于缺乏非稳定流抽水试验资料的地区，可利用钻孔单位涌水量，采用平均布井法计算深层承压水可开采量。

9.1.5 地下水开采潜力评价

地下水开采潜力评价按照 DZ/T 0282 执行。

9.2 地下水质量评价

应按以下要求进行评价：

a）应根据评价目的，结合地下水用途和功能，分别进行地下水质量评价；

b）应按照 GB/T 14848 进行区域地下水质量评价；

c）应按照 GB 5749 进行饮用水卫生评价；

d）根据需要进行灌溉用水、锅炉用水、矿泉水及地热水等水质评价。

9.3 地下水污染评价

按照 DZ/T 0288 有关地下水污染评价的要求执行。

9.4 土壤污染评价

9.4.1 评价要求

应根据土壤污染调查结果评价其污染现状，分析预测其发展趋势，并提出防治建议。

9.4.2 评价指标

应与本标准 8.7.3 中相应检测指标一致。

9.4.3 评价标准

应对照 GB 15618 给出的土壤环境质量一级、二级和三级标准值进行土壤污染程度评价，具体评价标准见表6。

表6 土壤污染程度分级表

污染程度	评价标准
无污染	低于第一级标准值
基本无污染	高于第一级、低于或等于第二级标准值
轻度污染	高于第二级、低于或等于第三级标准值
严重污染	高于第三级标准值

9.4.4 评价方法

根据实际情况，可选择富集指数法、地质累积指数法、内梅罗综合指数法、模糊综合评价法或其他合适的方法进行评价。

9.5 地质灾害危险性评价

按照 DZ/T 0286 有关要求执行。

10 综合研究与报告编制

10.1 综合研究

10.1.1 应仔对调查区水文地质与环境地质研究程度、存在的主要问题和技术方法难点，有目的地进行综合研究。

10.1.2 应密切结合调查工作的实际需要开展，并对调查工作起指导作用。

10.1.3 对关键性问题应开展专题研究。

10.2 图件编制

10.2.1 基本要求

图件编制应满足下列要求：

a) 主要图件比例尺为1∶25 000，辅助图件和专题图件，依据实用性选定比例尺，也可作为主要图件的镶图；

b) 应采用最新1∶25 000比例尺地形图作为地理底图，并视工作区情况补充公路、铁路等现状资料或取舍不相关资料；

c) 图的内容应主题突出，编图使用的资料应真实可靠，编图方法应规范，能客观、准确地反映调查成果；

d) 图形库的建立要求以单要素内容表示，每一要素为一个独立图层，综合图件所包含的所有信息，应以单要素图层形式输入图形库，可使用单要素图层的叠加，生成综合图件；

e) 图面负担应当合理，应重点突出、层次分明、避让得当、图面清晰、实用易读。

10.2.2 图件内容

10.2.2.1 实际材料图

应反映本次调查的所有野外工作内容，包括野外调查路线、调查点、采样点等水文地质和环境地质测绘工作位置和工作量，主要勘探线、勘探钻孔、探井、探槽、试验测试、物探等水文地质和环境地质勘查工作位置和工作量，地下水统调、动态监测等水文地质调查辅助工作位置和工作量。

10.2.2.2 水文地质图

应反映地下水系统边界、含水介质类型、埋藏条件、富水性、流场特征、水化学特征、水文地质参数等。包括水文地质剖面图、柱状图和镶图等。镶图可为地下水水化学图、立体水文地质结构图、地下水埋深图、地下水等水位线图等。

10.2.2.3 环境地质图

应综合反映地质背景条件及各种环境地质问题分布、位置、规模等。内容包括地质灾害、区域地下水位降落漏斗、地下水污染、土壤污染、地方病、原生劣质地下水、生态环境恶化（石漠化、盐渍化、沼泽化）等。

10.2.2.4 地下水开发利用与保护区划图

应反映地下水天然补给资源、可开采资源以及地下水资源开发利用现状及其开发利用前景区划。图面主要用地下水可开采资源量、地下水开采模数（单位面积开采量）、地下水开采强度（开采量/开采资源百分数）和地下水开发利用前景等要素表示。

10.2.2.5 地下水开采潜力分区图

主要反映地下水开发利用程度和开采潜力。

10.2.2.6 地下水水化学及质量图

主要反映地下水水化学类型、溶解性总固体、有益或有害成分的分布及地下水质量状况，按 GB 14848 进行地下水质量分区。

10.2.2.7 地下水水位埋深及等水位（压）线图

主要反映地下水水位埋深和水位标高的分布状况。

10.2.2.8 立体水文地质结构图

主要反映调查区三维水文地质结构特征。应以水文地质钻孔为基础，充分利用水文地质物探资料，构建含水层的空间结构，重点反映含水层、地下水水位、水文地质参数等。

10.2.2.9 地下水防污性能图

主要反映含水层及包气带抵御地下水污染的能力。应依据地下水防污性能评价结果，分区表示。一般可分为防污性能好、较好、中等、较差、差。

10.2.2.10 地下水与土壤污染现状图

主要反映不同污染程度的地下水与土壤分布状况及主要污染因子。重要污染因子应编制单要素图。

10.3 报告编写

报告编写提纲按附录 D 执行。

11 数据库建设

11.1 建设内容

数据库建设包括下列内容：

a）资料收集数据：包括按本标准 6.1.1 要求收集到的所有资料；

b）野外调查数据：包括各类调查点、取样点、野外试验、测绘、物探、钻探、井探、槽探、动态监测等数据；

c）室内测试数据：包括各种样品的测试数据、测试单位、数据质量等；

d）综合成果数据：包括成果报告及附图、附表、附件。

11.2 建设要求

数据库应具有数据更新、查询、统计等功能，空间数据库平台应采用 MAPGIS 或 ARCGIS 等软件，数据格式与图例参照现行相关规范要求执行。

12 野外验收与报告审查

12.1 野外验收

12.1.1 野外验收应依据项目任务书或合同书、设计书、设计审查意见书、有关规范和技术要求进行。

12.1.2 野外验收应具备下列条件：

a）已完成设计规定的野外工作；

b) 原始资料齐全，自检、互检合格；

c) 原始资料已经整理，并编目造册；

d) 进行了必要的综合整理，编写了项目野外工作总结。

12.1.3 野外验收应提供如下资料：

a) 野外实际资料，包括野外手图、野外记录簿、记录卡片、原始数据记录、相册、表格，野外原始编录资料及相应图件，样品测试送样单和分析测试结果，岩芯、岩样等各类典型实物标本，过渡性解释成果资料，综合整理、综合研究成果资料，其他相关资料等；

b) 质量检查记录，包括自检、互检、抽检等记录和小结；

c) 野外工作总结。

12.1.4 野外验收应检查项目工作部署、工程布置、工作质量和工作进度，是否按任务书、设计书要求进行。

12.1.5 野外验收应对野外调查点、物探点、测量点、试验点、测试点、取样点等进行不少于3%的抽样检查和野外现场检查，对钻孔、探井、探槽、抽水试验等重要勘查工程进行重点检查，应不少于30%的野外现场检查。

12.1.6 野外验收合格后方可转入最终报告的编制。

12.2 报告审查

12.2.1 报告评审应在野外工作验收后6个月内进行。

12.2.2 报告评审依据项目任务书、设计书、设计审查意见书、野外验收意见书及有关标准和要求进行。

12.2.3 报告评审后应根据评审意见认真修改，按时将最终报告报送审批单位审查认定。

12.3 资料归档

资料归档应包括以下资料：

a) 成果类：终审成果报告、专题报告、附图、附表、附件、数据库及评审意见书；

b) 遥感解译类：遥感解译报告、解译图、遥感数据、航卫片、解译卡片等；

c) 野外调查类：野外手图、实测剖面图、各种野外调查点的记录簿及记录卡片、照片、底片、摄像、调查小结；

d) 地球物理勘探类：各类物探报告、附图、附件，野外记录簿、照片、仪器记录图纸及电子数据；

e) 地质勘探及地质试验类：各种水文地质、工程地质、地质灾害等勘探、试验原始记录及成果；

f) 样品试验测试类：岩、土、水化学分析成果及岩、土物理水理性质试验成果，各种采样记录与图件；

g) 长期观测类：长期观测点的分布图、各类观测点的记录及动态曲线，收集的气象、水文等资料；

h) 技术文件类：项目任务书，设计书、设计与成果审批意见书，野外质量评审文件等；

i) 电子文件类：调查中形成的磁带、磁盘、光盘等电磁介质载体的文件、图表、数据、图像等；

j) 其他应归档的原始资料。

附 录 A

（规范性附录）

设计书编写提纲

第一章 前 言

第一节 项目概况。应简述项目来源、任务书编号、工作起止时间、主要工作量及成果提交时间等。

第二节 目的任务。应简述项目的目的、任务、意义。

第三节 工作区范围及自然地理条件。应简述工作区地理位置、坐标范围、涉及的行政区划、流域、图幅及编号、自然地理概况、地形地貌、气象、水文、土壤、植被等，附工作区交通位置图。

第四节 工作区社会经济概况。应简述工作区人口分布、产业结构布局、主要工业、农业和第三产业发展状况，地下水、矿产资源开发利用现状，土地利用现状及规划等。

第二章 以往工作程度

第一节 以往区域基础地质工作情况。应简述各种比例尺的区域地质调查、区域化探、矿产地质勘查、遥感地质等成果。

第二节 以往水工环地质工作。应总结以往的水工环地质调查成果，分析调查区存在的主要问题、已有资料的可利用程度等，附工作程度图。

第三节 现场踏勘工作情况及评述。应简述野外现场踏勘工作组织、工作内容、取得的成果与初步认识等。

第三章 地质环境背景

第一节 地质概况。应包括地层、地质构造、新构造活动等内容，附地质图、地质构造图。

第二节 水文地质条件。应包括地下水赋存条件及分布规律，含水层和隔水层的结构、岩性和分布特征，地下水类型和富水程度，地下水的补给、径流、排泄条件及其动态变化，地下水化学特征等相关内容，附水文地质略图。

第三节 人类工程经济活动。简述采矿、交通工程、水利工程、供水工程、城镇建设、农业生产等人类工程活动现状及对地质环境的影响。

第四节 环境地质问题现状。简述工作区存在的主要环境地质问题的种类、分布、数量、规模与造成的危害及防治现状等，附环境地质问题现状图。

第四章 技术路线与工作方法

第一节 技术路线。应包括工作思路和技术路线等内容，附技术路线图。

第二节 工作方法。应简述调查评价工作采用的主要技术方法、精度要求，对资料收集与二次开发、遥感解译、水文地质与环境地质测绘、物探、钻探、井探、槽探、野外试验、水土岩样采集与测试、原位测试、地下水动态监测与水位统测、综合评价、数据库建设等各项工作应提出具体的技术要求。

第五章 工作部署

第一节 工作部署原则。

第二节 具体工作部署。应包括不同层次和各类地区的工作部署，分阶段或分年度的主要工作内容、工作布置、工作量，附工作部署图。

第三节 工作计划与进度安排。应根据工作周期制订工作计划，合理安排各项工作进度，附工作进度安排表。

第六章　实物工作量

应附实物工作量一览表。

第七章　预期成果

应简述提交的报告、图件、数据库及其他附件。

第八章　组织管理与保障措施

应包括组织机构、项目人员设置、设备配置、全面质量管理措施、技术保证措施、安全与劳动保障措施、环境保护措施等内容。

第九章　经费预算

应按照项目设计预算编制有关要求编写。

附 录 B

（资料性附录）

地面物探技术方法选择

表 B.1 给出了常用的地面物探技术方法。

表 B.1　地面物探技术方法表

调查方法		解决的问题	应用条件	经济、技术特点
直流电法	自然电位法	1. 探测隐伏断层、破碎带位置； 2. 探测地下水的流向； 3. 探测隐伏洞穴的位置	1. 受地形、环境影响较小； 2. 适合地下水水位较浅地方工作	方法简便、资料直观。成本低
	充电法	1. 探测隐伏断层、破碎带位置； 2. 探测地下水的流速、流向、位置； 3. 追踪地下洞穴的延伸、分布	受地形、环境影响较小	方法简便，对一些特殊问题，如地下水活动，位移监测有显效。成本低
	电阻率剖面法	1. 探测隐伏断层、破碎带的位置、走向； 2. 探测隐伏地下洞穴的位置、埋深，判断充填状况； 3. 测定覆盖层厚度，确定基岩面形态； 4. 划分基岩风化带，确定其厚度； 5. 探测第四系地层厚度、岩性结构及含水层（组）特征； 6. 探测隐伏古河道的位置、分布； 7. 划分咸淡水的界线	地形起伏小，要求场地宽敞	资料简单、直观，工作效率高，以定性解释为主。成本低
	电阻率测深法	1. 测定覆盖层厚度，地层结构，确定基岩面形态； 2. 划分基岩风化带，确定其厚度； 3. 探测隐伏洞穴的位置、埋深； 4. 探测基岩断层位置、走向； 5. 划分咸淡水的平面界线，探测其纵深变化特征； 6. 探测松散层的厚度、岩性特征； 7. 探测隐伏古河道的位置、形态、岩性特征	1. 地形无剧烈变化； 2. 电性变化大且地层倾角较陡地区不宜	方法简单、成熟，较普及；资料直观，定性定量解释方法均较成熟。成本较低
	激发极化法	1. 测定地下水水位埋深； 2. 探测隐伏断层、破碎带位置，含水特征； 3. 探测地下洞穴的位置、判断充填性质	1. 地形影响小，要求一定工作场地； 2. 适合岩性变化较小地区工作	是研究岩石极化特征的方法，可以提供一些特殊信息，但机制较复杂，需认真分析
	高密度电阻率法	1. 探测隐伏断层，破碎带位置、产状、性质； 2. 测定覆盖层厚度，确定基岩面形态； 3. 划分基岩风化带，确定其厚度； 4. 探测隐伏地下洞穴的位置、形态、埋深，判断充填物性质； 5. 探测松散层厚度、岩性、咸淡水的空间特征； 6. 探测隐伏浅层古河道的位置、形态特征	1. 地形无剧烈变化，要求有一定场地条件； 2. 勘探深度一般较小，小于 60 m	兼具剖面、深测功能，装置形式多样，分辨率相对较高，质量可靠，资料为二维结果，信息丰富，便于整个分析。定量解释能力强。成本较高

续表 B.1

调查方法		解决的问题	应用条件	经济、技术特点
电磁法	音频大地电场法	1. 探测隐伏断层、破碎带的位置、延伸； 2. 探测隐伏洞穴的位置； 3. 划分咸淡水的平面界线	1. 受地形、场地限制小； 2. 天然场变影响较大时不宜工作； 3. 输电线、变压器附近不宜工作	仪器轻便，方法简单，适合地形复杂区工作，资料直观，以定性解释为主，适于初勘工作。成本低
	电磁感应法	1. 探测隐伏断层，破碎带的位置、延伸； 2. 探测隐伏洞穴的位置、大致埋深及充填性质； 3. 划分咸淡水的平面界线	1. 地形相对平坦； 2. 强游散电流干扰区不宜工作	对低阻体较灵敏，方法组合较多，可针对不同地质体采用不同方式探测，资料结果较复杂，以定性解释为主。成本低
	甚低频电磁法	1. 探测隐伏断层、破碎带的位置、延伸； 2. 探测岩性接触带的位置； 3. 探测隐伏洞穴位置，判断充填性质； 4. 划分咸淡水的平面界线	1. 有效勘探深度较小，一般数十米； 2. 受电力传输线干扰，易形成假异常	被动源电磁法，较轻便，受地形限制较小，以定性解释为主。成本低
	电磁测深法	1. 探测隐伏断层、破碎带的位置、产状、性质； 2. 探测隐伏地下洞穴的位置、形态及充填物性质； 3. 测定覆盖层厚度，确定基岩面形态； 4. 探测地层结构、岩性特征； 5. 测定松散层厚度、岩性结构； 6. 探测隐伏古河道的位置、形态	1. 适于地表岩性较均匀地区； 2. 电网密集、游散电流干扰地区不宜工作	工作简便，效率高，勘探分辨率较高，受地形限制小，但在山区受静态影响严重。成本适中
	瞬变电磁法	1. 探测隐伏断层、破碎带的位置、产状、性质； 2. 测定覆盖层厚度，确定基岩面形态； 3. 划分基岩风化带，确定其厚度； 4. 探测隐伏地下洞穴的位置、形态及充填物性质； 5. 探测第四系地层厚度、岩性结构及含水层（组）特征； 6. 探测咸淡水平面分界、纵深变化特征； 7. 探测隐伏古河道的位置、形态	1. 受地形、接地影响小； 2. 电网密集、游散电流区不宜工作	静态影响和地形影响较小，对低阻体反应灵敏，工作方式灵活多样。成本适中
	探地雷达	1. 探测隐伏断层的位置、产状、性质； 2. 探测覆盖层厚度，确定基岩面形态； 3. 划分基岩风化带，确定其厚度； 4. 探测隐伏地下洞穴的位置、形态； 5. 探测隐伏古河道的位置、形态	1. 受地形、场地限制较小； 2. 勘探深度较小，最大深度 30~50 m	具有较高的分辨率，适用范围广。成本较高

续表 B.1

调查方法		解决的问题	应用条件	经济、技术特点
弹性波法	浅层地震法	1. 探测隐伏断层的位置、产状、性质； 2. 测定覆盖层厚度，确定基岩面形态； 3. 探测隐伏地下洞穴的位置、形态； 4. 探测第四系地层厚度、岩性结构及含水层（组）特征； 5. 探测隐伏古河道位置、形态	1. 人工噪声大的地区施工难度大； 2. 要求一定范围的施工场地	对地层结构、空间位置反映清晰，分辨率高，精度高。成本高
	瑞雷波法	1. 测定覆盖层厚度，确定基岩面形态； 2. 探测隐伏地下洞穴的位置、形态； 3. 探测基岩风化带，确定其厚度	1. 受地形、场地条件限制较小； 2. 勘探深度较小，目前一般在 30～50 m	适合于复杂地形条件下工作，特别是对浅部精细结构反映清晰，分辨率高、工作效率高。资料直观，成本适中
层析成像法	电阻率层析成像	1. 探明隐伏断层、破碎带的位置、产状； 2. 探明隐伏洞穴的位置、空间形态、充填性质	1. 充水（液）孔，孔内无套管； 2. 井－井探测有效距离小于120 m； 3. 剖面与孔深比一般要求小于1	属近源探测，准确性较高，适合对重点部位地质要素的详细了解，资料结果比较直观、精确。成本较高
	电磁波层析成像	1. 探明隐伏断层、破碎带的位置、产状； 2. 探明隐伏洞穴的位置、空间形态、充填性质	1. 孔内无套管； 2. 井－井探测有效距离一般在100 m以内； 3. 剖面与孔深比一般要求小于1	适合对重点部位地质要素的勘探，资料准确、直观。成本较高
	地震层析成像	1. 探明隐伏断层的位置、产状； 2. 探明隐伏洞穴的位置、空间形态	1. 钻孔的激发、接收条件要尽可能一致； 2. 可在井管孔中施工； 3. 井－井探测距离小于120 m； 4. 剖面与孔深比一般要求小于1	适合对重点地质要素的了解，资料准确、直观。成本较高
	声波层析成像	1. 探明隐伏断层、破碎带的位置、埋深、产状； 2. 探明地下洞穴的位置、埋深、形状	1. 受发射能量限制，井－井跨距一般较小，最大30～50 m； 2. 剖面与孔深比一般要求小于1	为无损检测工作，孔内工作激发比较简单，可测声波参数多，信息量大。成本较高
放射性及其他方法	氡气法	探测隐伏断层的位置、分布	1. 受地形、场地、环境的限制小； 2. 测点尽可能避开近期的人工扰动地段	方法简便，限制少，适于普查工作。成本低
	汞气测量	1. 探测隐伏断层、破碎带的位置； 2. 探测地下洞穴的位置	1. 受地形、场地、环境的限制小； 2. 取样点避免近期的人工扰动	方法简便，资料直观，效率高，适于普查工作。成本低
	微重力测量	1. 探测隐伏断层、破碎带的位置； 2. 探测隐伏洞穴的位置、埋深	1. 要求精确的测地工作； 2. 不受场地、环境限制，在坑道、平洞中可开展工作	测量条件简单，资料分析难度较大，适合于在某些特殊环境下的工作。成本高

附 录 C

（资料性附录）

水文地质钻探主要技术要求

表 C.1 给出了水文地质钻探施工的主要技术要求。

表 C.1 水文地质钻探主要技术要求表

项目	技术要求
开钻	开钻前应编写钻孔设计及水文地质勘探孔设计图
孔深	钻孔深度应钻穿主要含水层或含水构造带，且大于当地主要开采井深度
孔径	终孔直径，松散层钻孔孔径不小于 ϕ 200 mm，基岩裸孔试验段孔径不小于 ϕ 150 mm，泵室段直径应比抽水设备外径大 ϕ 50 mm
钻进冲洗介质	根据地层性质、水源条件、施工要求、钻进方法、设备条件等正确选择空气、泡沫、清水或清水基冲洗液作为钻探冲洗介质
岩芯	1. 勘探钻孔均应全孔采取岩芯，一般黏性土和完整基岩平均采取率应大于 70%，单层不少于 60%；砂性土、疏松砂砾岩、基岩强烈风化带、破碎带平均采取率应大于 40%，单层不少于 30%。无岩芯间隔，一般不超过 3 m。对取芯特别困难的巨厚（大于 30 m）卵砾石层、流沙层、溶洞充填物和基岩强烈风化带、破碎带，无岩芯间隔，一般不超过 5 m，个别不超过 8 m。当采用物探测井验证时，采取率可以放宽。 2. 岩芯应填写回次标签并编号，装入岩芯箱保管。 3. 岩芯应以钻进回次为单元，进行地质编录。 4. 终孔后，岩芯按设计书要求进行处理
取样	按设计书要求采取地下水、岩、土等测试样品
孔位	勘探钻孔应测量坐标和孔口高程
下管与填砾	松散地层、基岩破碎带应下置井管并填砾，下管与填砾技术要求按照 GB 50296 执行
止水	分层或分段抽水试验钻孔，均应按设计书和技术要求进行止水，并应进行止水效果检查
洗孔与试抽	水文地质试验孔均应进行洗孔与试抽对比。用活塞洗孔时，活塞的提拉，一般自下而上进行，每段提拉时间根据含水层岩性与水文地质条件而定，一般不小于 0.5 h。洗孔试抽对比，即洗孔试抽两次，每次试抽时间应不少于 2 h，在同一降深时，前后两次单位出水量变化不超过 10%；且在试抽结束时，用含砂量计测定泥浆沉淀物≤0.1‰，即可认为洗孔合格，否则，应重新洗孔和捞砂。在区域水文地质条件清楚的地区，当进行洗孔试抽之后，出水量达到预计出水量要求或与附近水井出水量一致时，可不进行洗孔试抽对比
孔深与孔斜	1. 每钻进 100 m 和钻进至主要含水层及终孔时、钻孔换径、扩孔结束和下管前，均应使用钢卷尺校正孔深。孔深校正最大允许误差为 2‰。 2. 每钻进 100 m 和终孔时，必须测量孔斜。孔斜每 100 m 不得超过 1°，可以递增计算。采用深井水泵抽水井，泵管段不得大于 1°
简易水文地质观测	所有钻孔在钻进过程中必须做好简易水文地质观测： 1. 观测孔内水位、水温变化； 2. 记录冲洗液漏失量； 3. 记录钻孔涌水的深度，测量自流水头和涌水量； 4. 记录钻进中出现的异常现象

附　录　D
（规范性附录）
报告编写提纲

第一章　绪　言

第一节　项目概况

第二节　目的任务

第三节　工作区范围及自然地理条件

第四节　工作区社会经济概况

第五节　以往工作程度

第六节　本次工作概况及质量评述

第二章　地质环境背景

第一节　地层岩性

第二节　地质构造

第三节　区域地壳稳定性

第四节　水文地质条件

第五节　环境地质条件

第六节　人类工程经济活动

第三章　环境地质问题及危害

按环境地质问题种类分节论述。内容包括：发育特征与分布规律、形成条件及影响因素、危害程度、发展趋势等。

第四章　地下水资源评价

第一节　地下水资源评价原则与方法

第二节　地下水资源量评价

第三节　地下水质量评价

第四节　地下水资源潜力评价

第五章　地质环境评价

第一节　地下水污染评价

第二节　土壤污染评价

第三节　地质灾害危险性评价

第四节　其他环境地质问题评价

第五节　地质环境综合评价

第六节　国土空间利用地质环境适宜性评价

第六章　环境地质问题防治对策

根据环境地质问题现状及预测评价结果，针对不同类型的环境地质问题分别提出防治措施和对策建议。

第七章　国土空间开发利用和保护建议

根据地质环境评价结果，结合调查区国民经济与社会发展规划、土地利用规划等，提出地下水资源合理开发利用、土地利用、工程建设等国土资源与空间开发利用和保护的地学建议。

第八章　结论与建议

简述本次调查工作主要成果，本次工作存在的问题与不足，下一步工作建议等。